Boris Dresen

Zustand der Wälder - Diskussion: Saurer Regen, Nährstoffeinträge aus der Luft

GRIN Verlag

Impressum:

Copyright © 2003 GRIN Verlag GmbH
Druck und Bindung: Books on Demand GmbH, Norderstedt Germany
ISBN: 978-3-640-35702-4

Geographisches Institut der RWTH Aachen   23.04.2003

Zustand der Wälder –

Diskussion: Saurer Regen, Nährstoffeinträge aus der Luft

Referat im Rahmen des Hauptseminars:

Mensch und Umwelt

im
Sommersemester 2003

Verfasst von:

Boris Dresen

Waldschäden oder Waldsterben?

Anfang der 80er Jahre machte in der deutschen Presselandschaft die Formel "Der deutsche
Wald stirbt" die Runde. Bezeichnet wurden damit, die seit den 70er Jahren stark ansteigenden
Schäden an Nadeln, Laub, Rinde und Holz von Bäumen, insbesondere in den Mittelgebirgen,
wo Vergilbung und Verlichtung in einigen Fällen zum Absterben der Bäume führte. Schnell
wurden als alleinige Verursacher der Saure Regen und mit ihm vor allen Schwefelhaltige
Emissionen aufgeführt. Gestützt wurde dies durch das Waldsterben im ehemaligen Ostblock.
Dort wurde durch den Schadstoffausstoß der böhmischen Kraftwerke die Wälder auf den
windexponierten Höhen des Erzgebirges vollständig zerstört. Dieses "klassische" Waldsterben
ist seit dem Mittelalter bekannt und wird durch hohe Emissionen von Schwefeldioxid
verursacht, die bis zu 100 km entfernte Waldstandorte direkt schädigen.
Vor diesem Hintergrund brachte die Regierung den Waldschadensbericht heraus, der die
Erfasssung der Schäden jährlich darstellt. So zeigte sich, daß auch in Gebieten fernab von SO_2
Emitenten starke Schäden auftraten, gleichzeitig aber auch eine Wachstumssteigerung in
Durchmesser-, Höhen- und Volumenzunahme des Waldbestandes einherging.
Aus heutiger Sicht läßt sich die monokausale Erklärung für die Waldschäden nicht mehr
Aufrechterhalten, die in den 80er Jahren aufkommende Befürchtung über eine großflächige
irreversible Zerstörung des Waldes ist nicht eingetreten. Diese Entwicklung drückt sich auch
in einer "Abrüstung" in der Sprache aus, das Waldsterben wurde durch den Begriff der
neuartigen Waldschäden ersetzt, der Waldschadensbericht wurde zum Waldzustandsbericht.
Die hier vorliegende Arbeit stellt zunächst den aktuelle Waldzustand in Deutschland anhand
des Waldzustandsberichts dar. Anschließend wird der Weg eines Stoffes in die Umwelt und
die Auswirkungen des Stoffeintrags auf Vegetation und Boden beschrieben.

1 Das paneuropäische Monitoringsystem

Die Wirtschaftskommission der Vereinten Nationen für Europa (UN/ECE) rief im Jahre 1985
aufgrund der ansteigenden Besorgnis über Waldschäden durch grenzüberschreitende
Luftverunreinigungen das Internationale Kooperationsprogramm zur Erfassung und
Überwachung der Auswirkungen von Luftverunreinigungen auf Wälder (ICP Forests) ins
Leben. Das ICP Forests erhebt unter dem Vorsitz Deutschlands und in enger Zusammenarbeit
mit der Europäischen Union in mittlerweile 38 Staaten Europas den Waldzustand
mit harmonisierten Methoden (*vgl. BMVEL 2001, S. 4,6*)
Seit 1984 führt Deutschland die Waldschadenserhebung nach einem einheitlichen Verfahren
durch. Da derartige Waldschäden in anderen Staaten gleichfalls beobachtet wurden, finden
seit 1986 Waldschadenserhebungen auch auf europäischer Ebene statt. Zwischenzeitlich
wurde dieses Instrument um zahlreiche weitere Elemente und Beobachtungsebenen erweitert,
so dass das sogenannte Forstliche Umweltmonitoring derzeit eines der umfassendsten
Biomonitoringverfahren in Europa ist.
Ziel ist es den Waldzustand zu beobachten, Veränderungen festzustellen und die Ursachen
dieser Veränderungen besser zu verstehen. Dazu werden im Wald verschiedene Parameter
erfasst.

1.1 Aufbau des forstlichen Umweltmonitoring

Die Erhebungen werden auf einem systematischen, großräumigen Beobachtungsnetz (Level I)
und in einem intensiven Waldbeobachtungsprogramm (Level II) durchgeführt.
Die "Stärken des Level I- Netzes sind die Repräsentativität des systematischen 16 * 16 km
Rasters und die Tatsache, das es mit ungefähr 6000 Flächen in mittlerweile 38 europäischen
Staaten weit gespannt ist" (*BFH 2001, S.11*). Die Erhebungen auf diesem Netz umfassen
jährliche Kronenzustandserhebungen sowie eine bislang einmal durchgeführte
Bodenzustandserhebung und Elementanalysen an Nadeln und Blättern.
In Deutschland wurden im Sommer 2001 im Rahmen der Waldschadenserhebung an 13.478
Probebäumen auf 446 Probepunkten der Kronenzustand angesprochen. Die Stichprobe
umfasst 38 Baumarten. Dabei entfallen rund 85 % der Probebäume auf die vier
Hauptbaumarten Fichte, Kiefer, Buche und Eiche. Für die Auswertung werden neben diesen
Baumarten noch die Gruppen „andere Nadelbäume" und „andere Laubbäume" dargestellt.
Eine intensive Untersuchung von Ursache-Wirkungsbeziehungen erfolgt in Europa auf

bislang 860 gezielt ausgewählten Dauerbeobachtungsflächen (Level II) in 30 Staaten. Hier werden unter anderem folgende Parameter erfasst und untersucht:

Kronenzustand, phänologische Daten, Waldboden, Nadel- und Blattchemie, Baumzuwachs, Streufall, Depositionen und Luftkonzentrationen bestimmter Schadstoffe, Bodenwasser, Bodenvegetation und Witterungsdaten. Einige Länder ergänzen dies durch weitere Untersuchungen zum Beispiel an Wurzeln. In Deutschland sind 89 dieser Dauerbeobachtungsflächen seit 1994 in das europaweite Level II Programm eingebunden.

1.1.1   Die Kronenverlichtung

Die Kronenverlichtung "gilt als ein unspezifischer, integrierender Indikator für die standörtliche Belastungssituation der Wälder" (*Scheffer 2002, S.373*). Es ist das zentrale Instrument zur Beurteilung des Waldzustands. Hierbei wird der geschätzte Verlust an Nadeln bzw. Blättern im Vergleich zu einem angenommenen, voll belaubten Baum beschrieben. Der Nadel- und Blattverlust wird in 5%- Stufen eingeschätzt und in fünf Gruppen zusammengefasst (Tab.1).

Stufe 0 = ohne feststellbare Schäden	0-10% Nadel-/Blattverluste
Stufe 1 = schwach geschädigt	11-25% Nadel-/Blattverluste
Stufe 2 = mittelstark geschädigt	26-60% Nadel-/Blattverluste
Stufe 3 = stark geschädigt	61-99% Nadel-/Blattverluste
Stufe 4 = abgestorben	

Tabelle 1: Schadstufen im Waldzustandsbericht, *Mohr 1996, S.10*

Die Stufe 0 „gesund" oder „ohne feststellbare Schäden" wird mit 0-10 Prozent Nadel- und Blattverlust eng gefaßt. Die Bäume der Stufe 1 mit 11-25 Prozent Nadel- und Blattverlusten werden als „Übergangsstufe" oder „Warnstufe" interpretiert, denn Untersuchungen haben hier gezeigt, daß natürliche Schwankungen der Benadelungs- und Belaubungsdichte in diese Stufe hineinreichen. Erst ab der Schadstufe 2, bei mehr als 25 Prozent Nadel- und Blattverlust sind eindeutige Schäden festzustellen. Die Stufen 2-4 repräsentieren also die geschädigte Waldfläche. Sie werden deswegen oft zusammengefaßt aufgeführt.

1.2   Alle Baumarten

Wie Abbildung 1 zeigt, liegt der Anteil deutlicher Schäden im Durchschnitt aller Baumarten
auf Bundesebene nun bei 22 %. Seit Beginn der Waldzustandserhebung variiert dieser Wert
zwischen 18 und 30%. In den letzten Jahren hat er sich insgesamt kaum verändert.

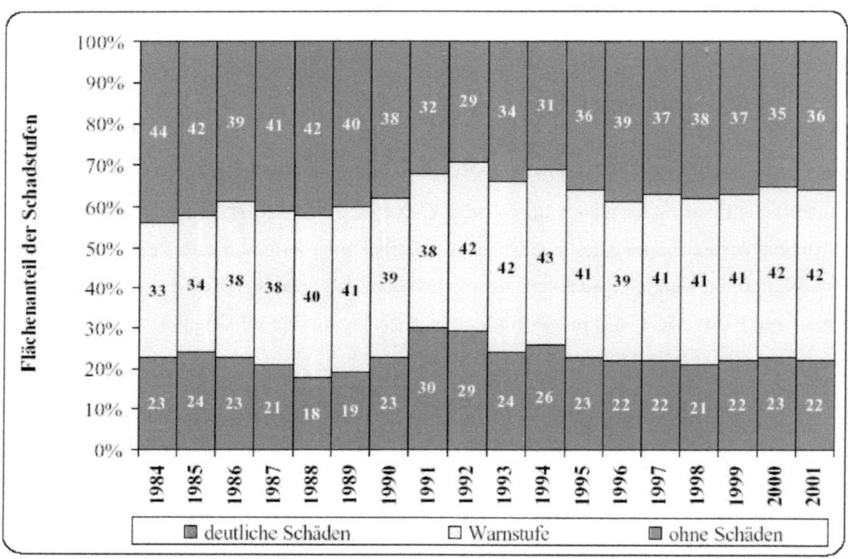

Abbildung 1: Alle Baumarten: Entwicklung der Schadstufenanteile, *BMVEL 2002, S.11*

Das aktuelle Schadniveau liegt mit 22% nahe am Ausgangsniveau zu Beginn der
Waldschadenserhebung 1984 (23 %). In die Warnstufe fallen 42 % der Waldfläche. Der
Anteil ungeschädigter Waldfläche ging von 44 % im Jahr 1984 auf 36 % im Jahr 2001 zurück.
Bei diesen Zahlen ist zu beachten, dass 1991 erstmals die weitaus schwerer geschädigten
Wälder Ostdeutschlands mit in die Erhebung eingingen, was zu einem sprunghaften Anstieg
in der Anzahl deutlicher Schäden und einem Abfall der Anzahl von Bäumen ohne Schäden
führte.
Hinsichtlich der Zahlen existiert ein großer Streuungsbereich bezüglich dem Ausmaß der
Schäden auf die einzelnen Baumarten. Zudem sind ältere Bäume von Kronenverlichtungen
durchgehend stärker betroffen als jüngere (*vgl. BMVEL 2001, S. 11*).

1.2.1   Fichte

Die Fichte ist mit rund 3,7 Millionen Hektar auf einem Drittel der Gesamtwaldfläche
anzutreffen und damit die häufigste Baumart in Deutschland. Im Jahr 2001 wiesen 26 % der
Fichtenfläche deutliche Schäden auf. Die Warnstufe lag bei 43 %. Der Anteil der
Fichtenfläche ohne erkennbare Schäden lag bei 31 %.
Seit Beginn des Waldzustandsberichts zeigt die Fichte einen Wechsel zwischen Phasen der
Schadzunahme und Entspannungsphasen. Von 1985 bis 1988 fiel der Wert von 33% auf 19%,
bis 1992 stieg er wieder auf 30% an.
Die deutlichen Schäden erreichten bei der Fichte ihren letzten Tiefstpunkt 1996 mit 22 %.
Seitdem haben sie wieder zugenommen, liegen aber deutlich unter dem Höchstwert von 1985
mit 33 %. Auch bei der Warnstufe ergibt sich in den letzten Jahren eine Zunahme. Der Anteil
ohne erkennbare Schäden ging im gleichen Zeitraum dagegen deutlich zurück (*vgl. BMVEL
2001, S. 13*).

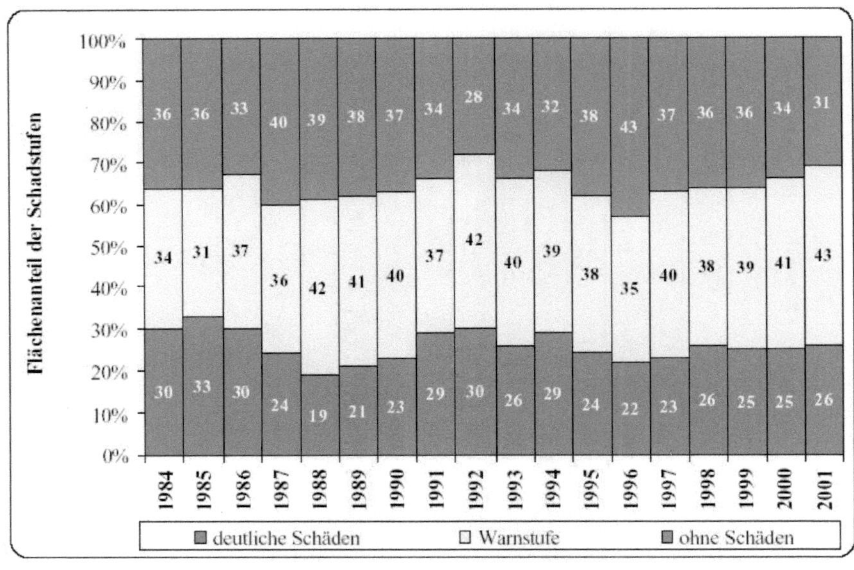

Abbildung 2: Fichte: Entwicklung der Schadstufenanteile, *BMVEL 2002, S.13*

1.2.2   Kiefer

Die zweithäufigste Baumart in Deutschland ist die Kiefer mit einer Fläche von rund 2,9
Millionen Hektar und einem Anteil von 28 % an der Waldfläche. Gleichzeitig ist sie die von
Kronenverlichtungen am wenigsten betroffene Hauptbaumart.
Nur 14 % der Kiefernfläche wiesen im Jahr 2001 deutliche Schäden auf. Der Anteil der
Warnstufe lag bei 46 %. Ohne erkennbare Schäden waren 40 % der Kiefernfläche.
Die langjährige Zeitreihe zeigt bei der Kiefer zunächst einen deutlichen Rückgang der
deutlichen Schäden von 1984 bis 1988, gefolgt von einem jähen Anstieg bis auf 33 % im Jahr
1991. Anschließend gingen die deutlichen Schäden bis auf 10 % im Jahr 1998 zurück.
Seitdem nimmt der Anteil deutlicher Schäden wieder zu, was zum größten Teil an der
Entwicklung bei den älteren Bäumen liegt.
In den letzten Jahren hat sich der Anteil der deutlichen Schäden dagegen kaum verändert. Das
Schadniveau hat sich gegenüber 1991 (33 %) mehr als halbiert (*vgl. BMVEL 2001, S. 15*).

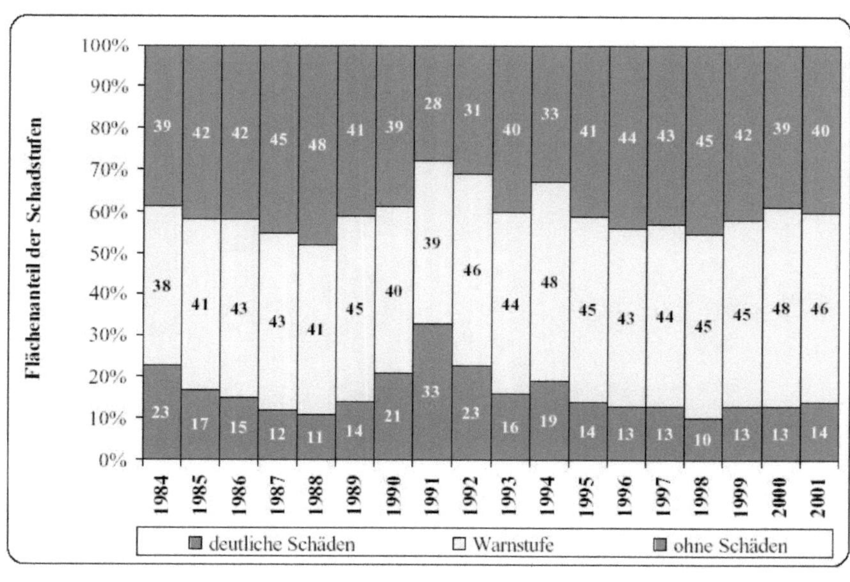

Abbildung 3: Kiefer: Entwicklung der Schadstufenanteile, *BMVEL 2002, S.15*

1.2.3   Buche

Mit 1,4 Millionen Hektar hat die Buche ca. 14 % Anteil an der Waldfläche und ist die am
weitesten verbreitete Laubbaumart in Deutschland. Im Jahr 2001 wiesen 32 % der
Buchenfläche deutliche Schäden auf. Gegenüber dem Vorjahr ist dies eine deutliche
Entspannung, zu der die im Vergleich zum Vorjahr deutlich geringere Fruktifikation
beigetragen hat. Damit ist der hohe Ausgangsstand des Jahres 1999 wieder erreicht. Das
Schadniveau war damit mehr als doppelt so hoch wie zu Beginn der Waldschadenserhebung.
Der Anteil der Warnstufe lag bei 43 %, ohne erkennbare Schäden waren 25 % der
Buchenfläche.

Die langjährige Zeitreihe ergibt, anders als bei Fichte und Kiefer, seit Mitte der 80er Jahre
einen Anstieg der deutlich geschädigten Buchen. Nach einem raschen Anstieg der deutlichen
Schäden bis Anfang der 90er Jahre hat sich die Dynamik in den letzten Jahren verlangsamt.
Über die letzten Jahre nahmen die deutlichen Schäden insgesamt weiter zu (*vgl. BMVEL
2001, S. 17*).

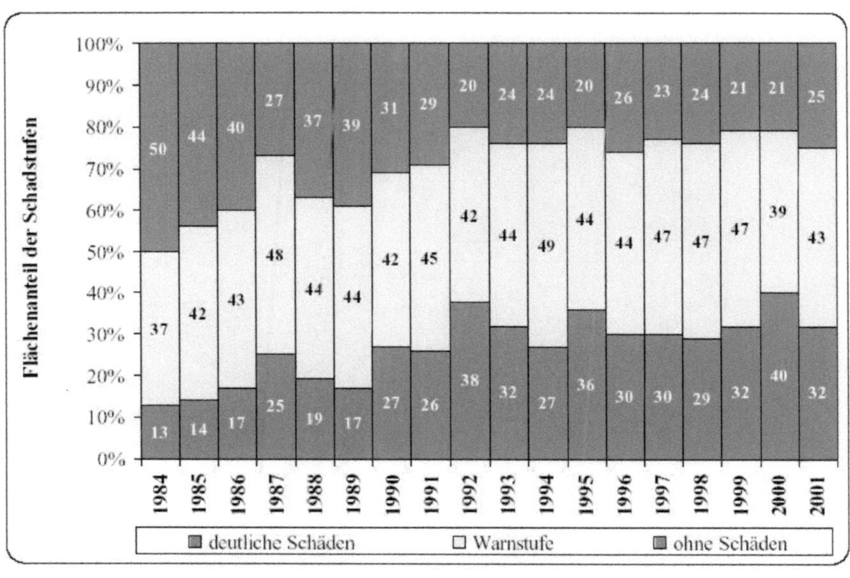

Abbildung 4: Buche: Entwicklung der Schadstufenanteile, *BMVEL 2002, S.17*

1.2.4   Eiche

Mit 0,7 Millionen Hektar ist die Eiche ihrer Häufigkeit nach an vierter Stelle der Baumarten
in Deutschland und hat ca. 9 % Anteil an der Waldfläche. Im Jahr 2001 wiesen 33 % der
Eichen deutliche Schäden auf. Der Anteil der Warnstufe lag bei 46 %. Ohne erkennbare
Schäden waren unverändert 21 % der Eichenfläche.

Im Vergleich der Zeitreihen der verschiedenen Baumarten ergibt sich bei der Eiche die größte
Dynamik. Zu Beginn der Waldschadenserhebung war sie mit 9 % noch am geringsten
betroffen. Doch dann nahmen die deutlichen Schäden rasch und stetig zu. 1996/97 erreichten
sie mit 47 % einen absoluten Höchststand. Bei keiner anderen Hauptbaumart erreichen die
deutlichen Schäden so hohe Werte.

Im Gegensatz zur Buche ergibt sich in den letzten Jahren auf Bundesebene jedoch eine
erhebliche Entspannung. Der Anteil deutlicher Schäden ging seit 1997 um 14 Prozentpunkte
zurück. Damit scheint der zwischen 1984 und 1996/97 vorherrschende langjährige Trend
zunehmender Kronenverlichtung gebrochen. Gleichwohl ist das Schadniveau immer noch
mehr als dreimal so hoch wie 1984. Besonders hoch sind die Schäden bei den älteren Eichen
(*vgl. BMVEL 2001, S. 19*).

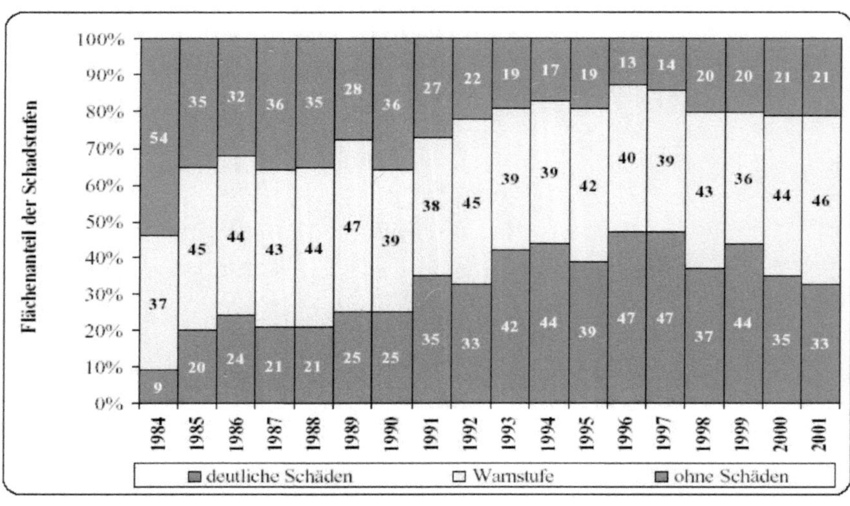

Abbildung 5: Eiche: Entwicklung der Schadstufenanteile, *BMVEL 2002, S.19*

1.2.5 Andere Nadelbäume

In der Gruppe der „anderen Nadelbäume", die geprägt ist vor allem durch Tanne (36 %),
Lärche (31 %) und Douglasie (25 %) hat sich die Situation beim Kronenzustand gegenüber
dem Vorjahr nicht verändert. Es wiesen 25% deutliche Schäden auf, 33 % entfielen auf die
Warnstufe, 42 % waren ohne erkennbare Schäden.
Die langjährige Zeitreihe zeigt, dass das Niveau der deutlichen Schäden seit 1986 erheblich
gesunken ist, mit ihm aber auch in geringerem Maße das Niveau der Bäume ohne Schäden
(*vgl. BMVEL 2001, S. 21*).

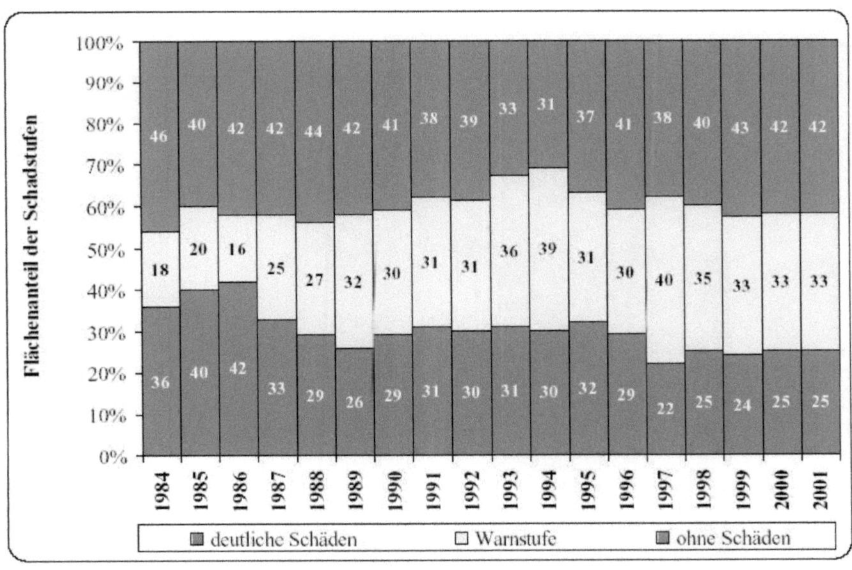

Abbildung 6: Andere Nadelbäume: Entwicklung der Schadstufenanteile, *BMVEL 2002, S.21*

1.2.6 Andere Laubbäume

Bei der Gruppe der „anderen Laubbäume", die geprägt ist vor allem durch Erle (21 %), Birke (17 %), Esche (13 %) und Ahorn (12 %) wiesen unverändert auf 12 % der Fläche deutliche Schäden auf. Die Warnstufe ging auf 31 % zurück, der Anteil ohne sichtbare Schäden liegt inzwischen wieder bei 57 %.

Die langjährige Zeitreihe zeigt einen Anstieg der deutlichen Schäden bis 1992. In den Folgejahren verbessert sich der Kronenzustand wieder, allerdings ohne bisher auf das Ausgangsniveau zurückzusinken (*vgl. BMVEL 2001, S. 22*).

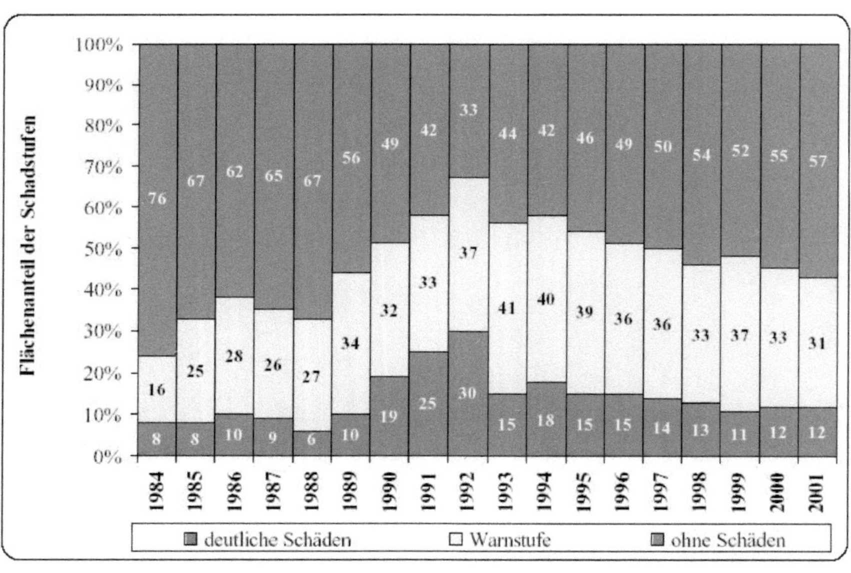

Abbildung 7: Weitere Laubbäume: Entwicklung der Schadstufenanteile, *BMVEL 2002, S.22*

1.3   Kritische Bemerkungen zum Waldzustandsbericht

Der Waldzustandsbericht wird nicht von allen Wissentschaftlern und Umweltverbänden als
Maß für die tatsächliche Lage im Waldökosystem anerkannt. Vielfach wird vor allem von
Umweltverbänden, wie BUND kritisiert, das die Schadstufe 1 nicht zu den deutlichen
Schäden gerechnet wird und so das wahre Ausmaß der Schäden verschleiert wird. Zudem
wirft BUND einzelnen Bundesländern statistische Tricks vor, so zum Beispiel Sachsen, das
"von seinem Spitzenplatz ins Mittelfeld der Waldsterbens- Hitparade abrutschte, nachdem die
großflächig zerstörten Wälder im Erzgebirge gerodet waren" (*Der Spiegel 1992, S.12*).
Einige Wissentschaftler, wie der Göttinger Ökologe H. ELLENBERG sehen in der These des
allgemeinen Waldsterbens ein Konstrukt und berufen sich dabei auf unzureichende Angaben
und Mängel in den jährlichen Waldzustandsberichten. So beruhen die veröffentlichten
Meßergebnisse nur selten auf echten Blatt- oder Nadelverlusten. Sie ergeben sich vielmehr
aus Schätzungen der Kronendichte im Vergleich mit Photoserien von unterschiedlich stark
beblätterten Bäumen. Da pro Baumart nur jeweils eine Standardserie benutzt wurde, nahmen
solche Schätzungen keine Rücksicht auf boden- und klimabedingte Unterschiede der
Belaubungsdichte, die auch bei gesunden Bäumen sehr beträchtlich sein können. Geringe
Dichte wurde daher oft fälschlich von vornherein als Schädigung gedeutet. Damit bezweifelt
H. ELLENBERG die Richtigkeit der erhobenen Daten und der Schlüsse, die daraus
hervorgehen.
Zu dem gleichen Schluß kam mit anderen Argumenten der Münchener Botaniker O.
KANDLER. Er wies vor allem darauf hin, daß viele Wälder in Mittel- und Westeuropa auch
in den letzten Jahrzehnten steigenden Zuwachs aufwiesen. Es sei nicht zu leugnen, daß es
schon zu allen Zeiten kleinräumige bis regionale Waldschäden gegeben hat. Die seit Beginn
der achziger Jahre laufenden Messungen ergaben zwar bei allen berücksichtigten Baumarten
manche Fluktuationen, aber keine stetige Zunahme höherer Schädigungsstufen (vgl. Botanik-
online).

Unabhängig davon, ob man nun von Waldsterben oder Waldschäden spricht oder einige Prozentangaben im Waldzustandsbericht anzweifelt, sind die meisten Waldschäden auf erhöhte Stoffkonzentrationen zurückzuführen, die ihren Ursprung in anthropogenen Quellen haben. Die Wege eines Schadstoffs vom Emitenten über ein Tranportmedium zum Zielobjekt müssen für ein genaues Verständnis daher genauer dargestellt werden.

Der "gesamte Eintrag von Stoffen aus der Atmosphäre in die Biosphäre wird nach ULRICH et al. (1979) als Gesamtdeposition bezeichnet" (DVWK 1990, S.4) und setzt sich aus Sicht des Akzeptors aus der Niederschlags- und Interzeptionsdeposition, aus Sicht der deponierten Komponeneten aus der nassen und trockenen Deposition zusammen (Tab.2).

Vorgang	Deposition	
	aus Sicht der deponierten Komponente	aus Sicht des Akzeptors
Deposition von Regen/Schnee mit gelösten und ungelösten Inhaltsstoffen	nasse Deposition	Niederschlagsdeposition
Sedimentation grober Teilchen		
Impaktion von Aerosolteilchen	trockene Deposition	
Lösung von Gasen auf feuchten Oberflächen und Adsorption von Gasen an Oberflächen mit anschließender chemischer Reaktion		Interzeptionsdeposition
Impaktion von Nebel und Wolkentröpfchen *	"feuchte Deposition"	

Tab.2: Zusammenhang zwischen Depositionsvorgang, deponierten Komponenten und Akzeptoreinfluß, *LAWA 1999, S.2*

2.1   Depositionsformen

Stoffe können in gasförmiger, flüssiger und fester Phase abgelagert werden. In Waldgebieten ist die Deposition besonders groß, da die große Oberfläche der Vegetation die Stoffe aus der Luft herausfiltert. Je nach Form der Ablagerung wird zwischen nasser (Regen und Schnee), feuchter (Nebel, Tau) und trockener (Partikel und Gase) Deposition unterschieden. Da Nebel und Tautropffen ähnlich wie luftgetragene Partikel abgeschieden werden, "wird die feuchte Deposition als Teil der trockenen Deposition beschrieben" (*DVWK- Merkblatt, 1994, S.10*).

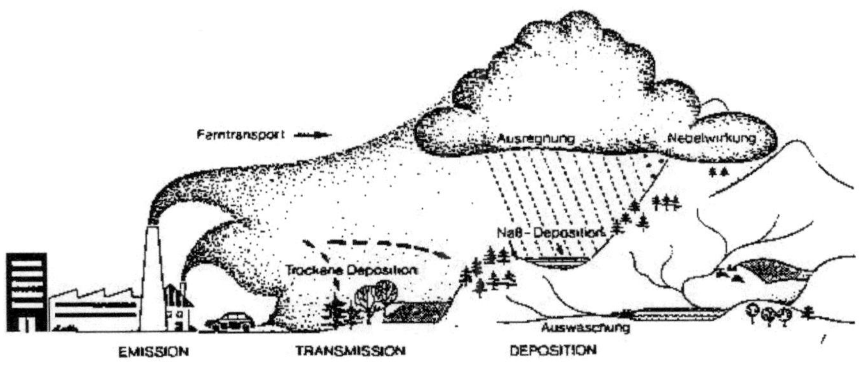

Abbildung 8: Räumliche Trennung von Emission, Transmission und Deposition atmosphärischer Schadstoffe. *Bhattacharyya 1984, S.8*

Den Weg eines Schadstoffs in die Umwelt zeigt Abbildung 2. Emissionen sind die von einer Anlage in die Atmosphäre abgegebenen Stoffe. Diese Stoffe breiten sich aus (Transmission) und setzen sich am Schädigungsort ab (Deposition). Dabei kann im Allgemeinen festgestellt werden, dass in der Nähe des Emitenten die trockene Deposition und in größerer Entfernung die nasse Deposition überwiegt (*vgl. Alcamo 1992, S.118*). Die feuchte Deposition wirkt besonders in Mittelgebirgslagen.

2.1.1 Nasse Deposition

Zur nassen Deposition tragen alle die Stoffe bei, die zusammen mit dem Niederschlag in Form von Regen oder Schnee in die Biosphäre gelangen und in ihrem Ausmaß vom Akzeptor unabhängig sind. Die festen oder gasförmigen Substanzen können hierbei während der Wolkenbildung durch Lösung oder Absorbtion in den Niederschlag gelangen oder als Kondensationskeime dienen ("rainout") oder sie werden beim Fallen der Regentropfen aufgenommen ("washout") (*vgl. DVWK 1990, S.5*). So tragen die ausfallenden Regentropfen erheblich zur Reinigung der Atmosphäre von löslichen Spurengasen und Aerosolen bei. Die Wirkung der nassen Deposition auf die Vegetation und den Boden besteht daher vor allem "in dem zeitlich hoch konzentrierten Austrag von Spurenstoffen aus der Atmosphäre und damit dem peakmäßigen Eintrag in die Biosphäre" (*Guderian 2000, S.128*). Dies bedeutet auch, dass vom Beginn ihrer Bildung bis zum Eintrag in die Biosphäre die stoffliche Zusammensetzung des Regentropfens verändert wird. Den größeren Anteil am Chemismus des Regentropfens haben dabei die Prozesse innerhalb von Wolken , da "die Gesamtoberfläche von Tropfen in Wolken um etwa den Faktor 100 größer ist als im Regen und die Lebensdauer von Tropfen in

Wolken wesentlich länger ist als die von Regentropfen unterhalb von Wolken" (*Guderian 2000, S.193*).

2.1.2   Bildung von Saurem Regen

Saurer Regen ist Niederschlag, der hohe Konzentrationen der Säurebildner Schwefeldioxid, Stickoxid, Ammoniak und anderen chemischen Verbindungen aufweist.
Säurebildner können in trockener und feuchter Form abgelagert werden. Im Allgemeinen wird dies als Säure-Deposition beschrieben. Ein Säurebildner kann als jede Substanz definiert werden, die in Wasser gelöst einen Überschuss an H+- Ionen aufweist. Der Säuregehalt einer in Wasser gelösten Substanz wird als pH-Wert angegeben, der den negativen dekadischen Logarithmus der Wasserstoffionenkonzentration wiedergibt. Ein pH-Wert unter 7 wird als sauer beschrieben, über 7 als basisch.
Saure Depositionen sind kein neues Phänomen. Schon im 17. Jh. beschrieben Wissenschaftler den schädigenden Effekt von Industrie- und Säureverschmutzungen auf Vegetation und Menschen. Der Begriff des sauren Regens wurde aber erst 1872 mit ANGUS SMITH´s Buch "Acid Rain" in die Literatur eingeführt (*vgl. Jansen 1987, S.15*).

2.1.3   Entwicklung des ph-Wertes im Niederschlag in Europa

Für Niederschläge ohne anthropogene Säurebildner ist ein ph-Wert von 5,6 charakteristisch, da natürlich vorkommendes Kohlendioxid dem Niederschlag dieses Lösungsgleichgewicht gibt. Es wird angenommen, dass in der vorindustriellen Zeit "natürliche alkalische Komponeneten annähernd zu einer Neutralisation der aus biogenen und vulkanischen Quellen stammenden Säuren in der Atmosphäre" (*Guderian 2000, S.131*) bewirkt haben, so dass die Azidität des Niederschlagwassers schwach sauer (pH 5,4) war. In den Niederschlägen Mitteleuropas wurde Ende der 70er Jahre pH 3,9 bis 4,6, durchschnittlich 4,1 gemessen (*vgl. DVWK 1990, S.33*), wobei die Werte von Mittel- nach Nordeuropa zunahmen. Nach 1980 wurden kontinuierliche Änderungen in der Niederschlagschemie in Europa beobachtet. Der pH- Wert stieg von 4,1- 4,6 im Jahr 1982 bis 4,6- 4,8 im Jahre 1995 an, hauptsächlich "durch die Abnahme des Sulfates um 20-30 % als ein Ergebnis der Rauchgasentschwefelung" (*Guderian 2000, S.132*).

2.2   trockene Deposition

Die trockene Deposition umfaßt "die akzeptorunabhängige Ablagerung von Staubteilchen infolge Schwerkraftwirkung und die akzeptorabhängige Adsorption von Aerosolen, Nebel und Gasen an trockenen oder benetzten Oberflächen der Vegetation" *(DVWK 1990, S.5)*. Hierbei ist zu beachten, daß die trockene Deposition ständig erfolgt, also auch während Regenereignissen stattfindet und durch die Verringerung des Oberflächenwiderstands an nassen Flächen sogar ansteigt.

Ein Teil der Gase und Spurenstoffen, die auf Blätter, Nadeln und Zweigen gelangen wird von der Pflanze adsorbiert, der Rest wird gemeinsam mit Stoffwechselprodukten von Mikroorganismen und auswaschbaren Stoffen von der Blattoberfläche abgespült und erreicht mit der Kronentraufe und dem Stammabfluß den Boden. Bei diesen akzeptorabhängigen Prozessen werden die Depositionsbedingungen wesentlich durch Art und Ausbildung der Pflanzenoberfläche bestimmt. Speziell das Ausfiltern von Stoffen aus der Luft durch das Kronendach führt dazu, dass der atmogen Stoffeintrag in Waldbeständen höhere Werte erreicht als im Freiland. Hierbei kommt der feuchten Deposition eine besondere Stellung zuteil, da die Ionenkonzentration vor allem in Nebel generell höher ist als im Regenwasser, so das der ph-Wert bis auf 2 sinken kann *(DVWK 1990, S.30)*.

Dies bewirkt, dass durch chemische Reaktionen wichtige Mineralien aus den Blättern herausgelöst werden und Stoffwechselprozesse gestört werden, was zu nachhaltigen Schädigungen führen kann.

2.3   Freiland- und Bestandsniederschlag

Als Freilandniederschlag wird der Niederschlag bezeichnet, den man ohne Baumbestand am Boden messen würde. Der Bestandsniederschlag setzt sich aus durchfallendem Niederschlag, Kronentraufe und Stammabfluß zusammen, so das er gegenüber dem Freilandniederschlag mengenmäßig um die Niederschlagsinterzeption vermindert ist. Die Stoffkonzentrationen im Bestandsniederschlag sind jedoch höher als im Freilandniederschlag. Dies liegt an der Interzeptionsverdunstung von Vegetationsdecken, einer erhöhteten trockenen Deposition, einer starken Rückhaltung der Luftfeuchte und einer starken diffusen Wechselwirkung zwischen befeuchteten Oberflächen und den Luftinhaltsstoffen (vgl. *DVWK 1990, S.29*). Durch diese Prozesse im Kronenraum und am Stamm der Bäume verändert sich der Chemismus des Niederschlags.

Doch nicht nur Regen auch Tau, Reif und Nebel wirken sich im Bestandsniederschlag aus.
Während Tauniederschläge mit 0,1 bis 0,3 mm in kühlen Nächten vernachlässigbar klein sind,
können Nebel und Reifniederschläge dagegen einen beachtlichen Anteil am
Bestandsniederschlag ausmachen. Generell nehmen diese Formen der feuchte Deposition mit
der Höhenlage eines Waldes zu, so dass "ab einer bestimmten Höhenlage die feuchte
Deposition als Eintragspfad die nasse Deposition übersteigt" (Pahl 1996, S.112).

3   Schadstoffe

"Als Umweltschadstoffe werden solche Substanzen bezeichnet, welche das Potential besitzen,
auf den Menschen, auf andere Lebewesen, auf Ökosysteme und auch auf Sachgüter
schädigende Wirkungen auszuüben" (*SUKOPP & WITTIG, 1998, S. 81*). Dabei reichen meist
schon sehr geringe Konzentrationen von Schadstoffen aus. Diese können sowohl aus
natürlichen als auch aus anthropogenen Quellen stammen.

3.1   Säurebildner

Der Gesamtsäureeintrag in die Biosphäre setzt sich weitestgehend aus einem Schwefel- und
einem Stickstoffanteil zusammen. Für Deutschland wird geschätzt, daß "durch die Emissionen
versauernder Substanzen zu ca. 4/5 durch Stickstoff (Ammoniak bzw. Ammonium und
Stickstoffoxide) und nur noch zu 1/5 durch Schwefel verursacht wird" (*LAWA 1998, S.5*).
Abbildung 9 zeigt einen steilen Anstieg von SO_2 und NO_2-Emissionen in der Bundesrepublik
Deutschland nach 1950, der in diesem Zeitverlauf auf die meisten industrialisierten Länder
übertragbar ist. Der steile Anstieg der Stickoxide ist auf die Zunahme des
Verkehraufkommens zurückzuführen. Der aus NO_X und SO_2 resultierende kommulierte
Säureeintrag steigt seit Beginn der Industrialisierung steil an.

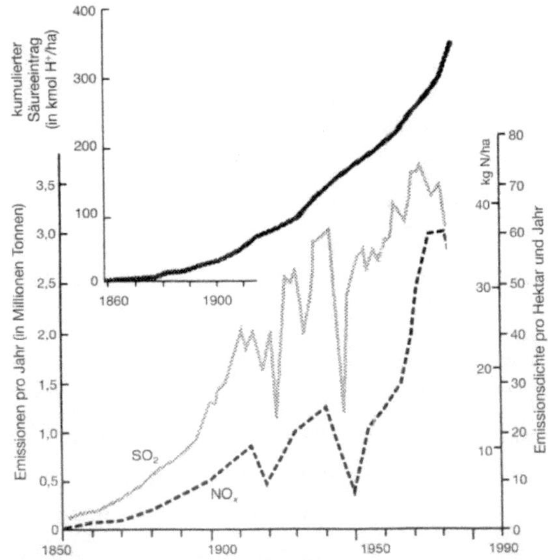

Abbildung 9: Jährliche NO$_X$ und SO$_2$- Emissionen in der Bundesrepublik Deutschland, *Alloway 1996, S. 152*

3.1.1 Schwefel

Weltweit werden, im Gegensatz zu Deutschland, Schwefelemissionen für 60 bis 70% der sauren Depositionen verantwortlich gemacht. Mehr als 90% des Schwefel in der Atmosphäre sind anthropogenen Ursprungs. Die Hauptquellen von Schwefel sind die Verbrennung von Kohle und Erdöl, bei der der durchschnittlich 2 bis 3%ige Schwefelanteil bei der Verbrennung freigesetzt wird, das Aufschmelzen von Metalsulfiderz zur Gewinnung des reinen Metalls und vulkanische Eruptionen, die vor allem regionale Auswirkungen haben Bei diesen Verbrennungsprozessen reagiert Schwefel mit Sauerstoff und oxidiert zu SO$_2$:

$$S + O_2 \rightarrow SO_2$$

In geringen Maße erfolgt eine weitere Oxidation zu Schwefeltrioxid:

$$SO_2 + 1/2 O_2 \rightarrow SO_3$$

Nachdem es in die Atmosphäre abgegeben wurde, kann Schwefeldioxid und -trioxid in Form der trockenen Deposition auf der Erdoberfläche abgelagert werden oder es geht die folgenden Reaktionen ein und wird durch feuchte Deposition abgelagert.

Bei seiner Reaktion mit Stickstoffmonoxid bildet Schwefeldioxid Schwefelsäure:

19

$$H_2O + NO + SO_2 \rightarrow H_2SO_4 + N_2O$$

In Gebieten mit starker Lufverschmutzung ist der wichtigste Reaktionsweg zur Bildung von Schwefelsäure jedoch der über das $\cdot OH$-Radikal in Anwesenheit von Wasser und Sauerstoff:

$$\cdot OH + SO_2 + (O_2, H_2O) \rightarrow H_2SO_4 + \cdot OOH \; (\textit{vgl. Ayres 1996, S.156})$$

So entsteht zum Beispiel bei der vollständigen Oxidation von 1 Mol SO_2 zu H_2SO_4 2 Mol Protonen (H+) (*vgl. Mattthes 1998, S.4*).

3.1.2 Stickstoff

In den letzten Jahrzehnten hat die weltweite Deposition von stickstoffhaltigen Substanzen stetig zugenommen.

Auf natürliche Weise gelangt Distickstoffoxid (N_2O) durch biochemische Prozesse von Cyanobakterien und Bakterien der Gattung Rhizobium in die Biosphäre. Durch Verbrennungsmotoren, Kraftwerke und Nitratdünger gelangen nocheinmal die Hälfte der aus natürlichen Quellen stammenden Menge hinzu. Kraftfahrzeuge sind die hauptsächliche Quelle für Stickstoffmonoxid (NO) und seines Oxidationsprodukts Stickstoffdioxid (NO_2). Das braune Dioxid "dimerisiert zu dem gelben Distickstofftrioxid (N_2O_4), das bei starker Verschmutzung die vorherrschende Spezies ist" (*Ayres 1996, S.150*). Da sich diese Formen des Stickstoffs in der Umwelt ineinander umwandeln, werden sie häufig zusammen als Stickoxide (NO_X) beschrieben. In der Atmosphäre wird NO_X zu salpetriger Säure (HNO_2) und Salpetersäure (HNO_3) oxidiert. So bildet sich zum Beispiel pro Mol NO_X, das zu Salpetersäure reagiert, 1 Mol H+ (*vgl. Matthes 1998, S.4*).

3.1.3 Ammoniak

Ammoniak (NH_3) entsteht vor allem durch bakterielle und enzymatische Zersetzung organischen Stickstoffverbindungen, wie Kot und Urin. Somit findet der Eintrag zum größte Teil auf "natürlichen" Weg statt, wobei der Mensch mit Gülle aus landwirtschaftlichen Betrieben regional und jahreszeitenabhängig für Spitzeneinträge sorgt. Abbildung 10 zeigt, dass der größte Eintrag auf die Tierhaltung entfällt, gefolgt von Düngeranwendung. Industrieprozesse und sonstige Quellen sind vernachlässigbar klein.

Ammoniak selbst ist ein farbloses Gas mit basischen Eigenschaften und trägt nicht direkt zu Versauerungserscheinungen bei. Es fördert aber die Lösung und Oxidation von Schwefeldioxid und setzt sich mit Schwefelsäure, Salpetersäure und salpetrigen Säuren relativ

schnell unter Bildung von Ammoniumsalzen um. Die daraus resultierende Ammonium-
(NH_4-) Emission liegen in der Atmosphäre hauptsächlich als Aerosolpartikel vor und können
über weite Strecken verfrachtet werden und mitttels nasser und trockener Deposition
abgelagert werden.

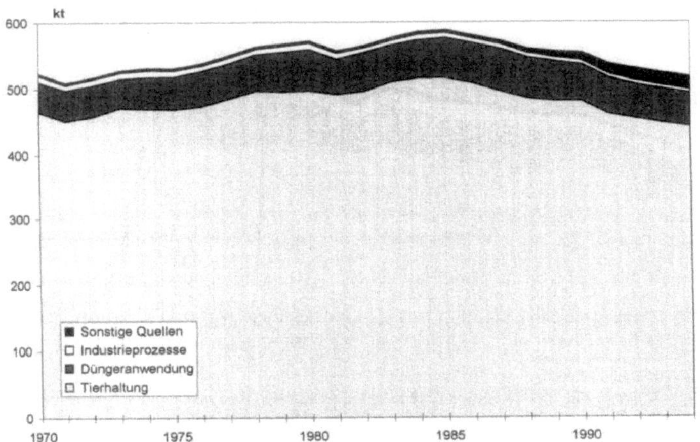

Abbildung 10: Entwicklung der NH3- Emissionen in den alten Bundesländern 1970-1994,
Matthes, S.15

Die den pH-Wert erniedrigenden H+ Ionen bilden sich dann auf zwei Wegen. Beim Eintrag in
Böden kann NH_4 durch den Prozess der Nitrifizierung zu Nitrat umgesetzt werden. Dabei
entsteht pro Mol NH_4 2 Mol H+. Bei der Aufnahme von NH_4 durch Pflanzen werden durch
die Wurzeln Protonen abgegeben. Pro aufgenommenen Mol NH_4 entsteht 1 Mol H+ (*vgl.*
Matthes 1998, S.4).

3.2   Ozon

Ozon (O_3) ist ein blaßblaues, toxisches Gas mit charakteristischem Geruch, das in der
Stratosphäre als Filter für die ultraviolette Strahlung der Sonne dient (*vgl. Mortimer,*
S.411,438). In der Troposphäre ist Ozon dagegen ein Schadstoff, da es durch seine starke
oxidierende Wirkung Zellmembranen angreift und bestimmte Stoffwechselprodukte wie
Fettsäuren zerstört. Bei Pflanzen kommt es dadurch zur Störung der Photosynthese und zu
Schäden an den Blättern. Als wichtigste Ozonquelle in der Troposphäre dient Stickstoffdioxid
(NO_2), das nach Sonnenaufgang "durch Licht der Wellenlänge um 400 nm photolysiert wird"
(*Alloway 1996, S.141*) und so atomaren Sauerstoff freisetzt,
21

$$NO_2 \rightarrow NO + [O]$$

der sich dann mit molekularem Sauerstoff zu Ozon verbindet.

$$O_2 + [O] \rightarrow O_3$$

Das so gebildete Ozon setzt sich verstärkt in der Nähe von NO_2-Emitenten mittels trockener Deposition ab, so dass es in Städten vor allem im Sommer zu Ozonwarnungen kommt. Es kann aber auch durch seine gute Löslichkeit in Wasser mit dem Regen aus der Atmosphäre ausgewaschen werden.

3.3   Schwermetalle

Der Begriff "Schwermetalle" ist eine zusammenfassende Bezeichnung für Metalle, die eine Dichte in Elementform von über 6 g/cm3 aufweisen. Als wichtige persistente Schadstoffe im Medium Boden gelten Blei (Pb), Cadmium (Cd), Quecksilber (Hg) und Thallium (Tl) vorrangig für Mensch und Tier als schädlich, während Zink (Zn), Kupfer (Cu), Nickel (Ni) und Chrom (Cr) als vorrangig pflanzenschädigend eingestuft werden (*vgl. Matschullat et al. 1997, S.129*).

Schwermetalle treten von Natur aus bei der Gesteinsbildung und in Erzmineralien auf und kommen daher in Böden, Sedimenten, Gewässern und Lebewesen in Form einer "natürlichen Hintergrundkonzentration" (*Alloway 1996, S.165*) vor. Daher läßt sich vom bloßen Vorhandensein dieser Elemente nicht auf eine Kontamination des jeweiligen Mediums schließen. Durch den heutigen große Bedarf an Schwermetallen gelangen sie verstärkt aus anthropogenen Quellen in die Umwelt. Tabelle 3 zeigt die Jahresproduktion in den Jahren 1930 und 1985, sowie den weltweiten jährlichen Eintrag von Metallen in Böden in den 80er Jahren.

| | Jahresproduktion | | weltweiter Eintrag in Böden in den |
Metall	1930	1985	achtziger Jahren
Cd	1,3	19	22
Cr	560	9 940	896
Cu	1 611	8 114	954
Hg	3,8	6,8	8,3
Ni	22	778	325
Pb	1 696	3 077	796
Zn	1 394	6 024	1 372

Tabelle 3: Gewinnnung von Schwermetallen und weltweiter Eintrag in Böden in 1000 Tonnen pro Jahr, Alloway 1996, S.166

Bezogen auf die Wirkungsweise, lassen sich zwei Gruppen, die der Mikronährstoffe und die der nichtessentiellen Spurenelemente, unterscheiden. Wie Abbildung 11 zeigt, benötigen Pflanzen bezogen auf die Mikronährstoffe eine gewisse Konzentration, um optimal wachsen zu können. Wird diese Grenze unterschritten, treten Mangelerscheinungen auf, die bis zum Tod der Pflanze führen können, falls sie lange genug anhalten. Zu den wichtigsten, für normale Lebensbedingungen, notwendigen Mikronährelemeten gehören Kupfer, Mangan, Eisen und Zink.

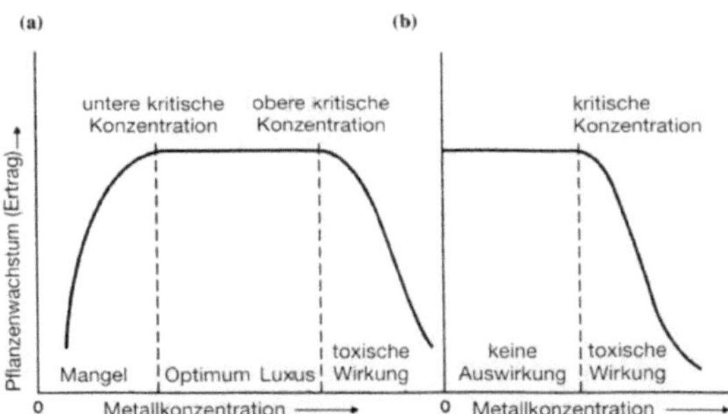

Abbildung 11: Typische Dosis-Wirkungs-Kurve für a) Mikronährstoffe und b) nichtessentielle Spurenelemente, *Alloway 1996, S.167*

Bei den nichtessentiellen Spurenelementen treten bei Überschreiten einer kritischen Konzentration toxische Wirkungen auf, die schon bei einmaligem Überschreiten zum Tod führen können. Im Gegensatz zu den Mikronährstoffen führen niedrige Konzentrationen nicht zu Mangelerscheinungen, da sie für das Aufrechthalten der biochemischen Funktionen nicht notwendig sind. Zu diesen Elementen gehören Arsen, Cadmium, Quecksilber, Blei, Plutonium, Antimon, Thallium und Uran.

4   Auswirkungen

Der Wald wird durch verschiedenste Faktoren beeinflußt. Da sind zum einen Klimafaktoren wie Witterung, Schnee, Frost, Niederschläge, Sturm, Trockenperioden zu nennen, sowie Pilze und Insektenschädlinge, waldbauliche Maßnahmen, die zur Destabilisierung beitragen und natürlich die vom Menschen verursachten Stoffeinträge in den Wald.

Man kann hinsichtlich der Schadfaktoren eine Einteilung aufgrund der Wirkungswege der einzelnen Faktoren vornehmen:

23

Primäre Schadfaktoren	Sekundäre Schadfaktoren
Direkte Wirkung – Indirekte Wirkung	Abiotische Faktoren – Biotische Faktoren

4.1 Primäre Schadfaktoren

Die primären Schadfaktoren umfassen die Wirkung von Schadstoffen auf die Vegetation und den Boden.

4.1.1 Direkte Wirkung

Die Pflanzenwelt ist für natürliche Luftverunreinigungen eingerichtet und verfügt deshalb über einen Schadstofffilter. Treten Schadstoffe in dichten Konzentrationen und über längere Zeit auf, so sind die Pflanzen überfordert und in höchstem Maße gefährdet. Bei der direkten Wirkung sind vor allem die Verbindungen Schwefeldioxid (SO_2), Stickstoffoxide (NO_X), Ammoniak (NH_3) und ihre Umwandlungsprodukte sowie die sogenannten Photooxidantien wie z. B. Ozon (O_3), zu nennen, die schädlich auf den Pflanzenorganismus einwirken. Die direkte Wirkung der primären Schadfaktoren erfolgt im oberirdischen Bereich der Vegetation. Die Schadstoffe werden nass oder trocken auf den betroffenen Pflanzen abgelagert.

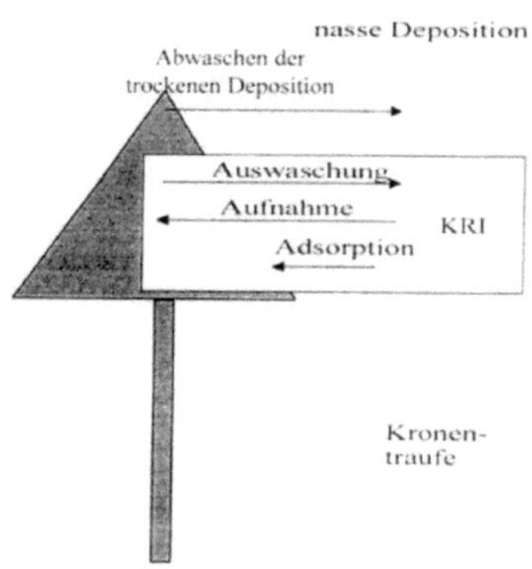

Abbildung 12: Stofftransportprozesse im Kronenraum. *Guderian 2000, S.183*

Wie Abbildung 12 zeigt, wäscht das Regenwasser von der Pflanzenoberfläche Stoffe ab die aus der trockenen Deposition stammen. Zugleich geben die Blätter und Nadeln

24

Stoffwechselprodukte wie Mn, K und im Herbst Ca, Mg, Fe , NO_3, SO_4 aus alternden Blättern an das Wasser ab und nehmen über Spaltöffnungegen im Regenwasser enthaltene Komponenten auf (*vgl. DVWK 1990, S.32*). Zu denen gehört Stickstoff aus Stickstoffverbindungen und H+-Ionen, die gegen Ca und Mg ausgetauscht werden. Dadurch wird der pH-Wert des Niederschlagwassers weiter erniedrigt.

Werden die Schadstoffe auf diesem Weg von der Pflanze aufgenommen, nehmen sie an den biochemischen Stoffwechselprozessen im Blatt teil. Dies führt zu einer Minderleistung der Photosynthese, vor allem durch Minderung der Assimilation und der Erhöhung der Transpiration. Dies führt zu fortschreitender Vitalitätsminderung und vorzeitiger Alterung der Blattorgane. Bei hoher Belastung verbleicht das Chlorophyll schnell, so dass man auffällige Verfärbungen, sogenannte Chlorosen und nach Zerstörung von Gewebe auch abgestorbene Pflanzenteile, sogenannte Nekrosen erkennt (*vgl. BMVEL 2001, S.32*). Die Schadstoffe wirken sich auch auf die Mechanismen der Spaltöffnungen aus. Sie können sich nicht mehr richtig schließen, wodurch eine ständige Transpiration verursacht wird. Besonders an heißen Tagen kann dies eine Unterversorgung der Pflanze mit Wasser bedeuten. Diese "verminderte Regelgüte der Spaltöffnungen" (*Mohr 1996, S.11*) wird durch hohe Konzentrationen an bodennahen Ozon weiter verstärkt.

Diese Prozesse wirken sich besonders bei anhaltender feuchter Deposition aus, da im Nebel bis zu 10mal mehr säurebildende Ionen als im Regen auftreten. Die ph-Werte im Nebel, Tau und Reif können bis auf pH 2 sinken. Da Nebel besonders in Wäldern der Mittelgebirgslagen verstärkt auftritt, erhalten sie mit diesem erhöhten Eintrag der Luftfeuchte auch einen verstärkten atmogenen Stoffeintrag.

Der Stammabfluß bewirkt eine weitere Versauerung des Niederschlags unter einen pH-Wert von 3 (*vgl. Ulrich/Matzner 1983, S.141*), was auf die raue Oberfläche zurückzuführen ist, die lange befeuchtet bleibt und so die SO_2-Adsorption begünstigt. Je rauher die Oberfläche des Stamms ist, desto stärker wird der pH-Wert erniedrigt, so dass bei Kiefern und Eichen dieser Effekt besonders stark eintritt.

4.1.2   Indirekte Wirkung

Die indirekten Einwirkungen von Schadstoffen, also der akkumulierende Schadstoff- und Säureeintrag in den Boden hält im Gegensatz zu den direkt wirkenden Schadstoffen noch jahrelang an, auch wenn keine Einträge mehr folgen. Die Schadstoffe wirken unterirdisch über den Boden auf das Wurzelsystem ein. Bei nasser Deposition gelangen Säurebildner wie

SO$_2$ und NO$_X$, die mit Wasser reagieren und zu schwefeliger Säure, Schwefelsäure, salpetriger Säure sowie Salpetersäure umgewandelt werden, in den Boden und versauern diesen, wenn er nicht in der Lage ist, Säureüberschuß abzupuffern. Dies hat vor allem bei Böden mit ohnehin niedrigem pH-Wert die Auswaschung von Nähr- und Schadstoffen zur Folge.

Mit Pufferung bezeichnet man "die Fähigkeit einer Lösung oder Suspension, ihr pH bei plötzlich in sie gelangende H+- oder OH- Ionen nicht oder nur wenig zu verändern" (*Mückenhausen 1993, S.254*). Das Pufferungsvermögen von Böden ist je nach Bodentyp verschieden. Es "beruht auf einer Reihe von chemischen Reaktionen, bei denen die H+-Ionen reversibel oder irreversibel in eine undissoziierte Form überführt werden" (*Scheffer 2002, S.126*). Das Ausmaß der Fähigkeit Säuren abzupuffern wird als Säureneutralisationskapazität (SNK) bezeichnet. Dazu tragen die austauschbaren, basischen Kationen, sowie Carbonate, Tonminerale und Oxide bei, die zusammen ein Puffersystem bilden. Die unterschiedlichen Puffersubstanzen sind dabei in bestimmten pH-Wert-Bereichen aktiv (Tab.4).

Pufferbereich	pH-Bereich	Basensättigung
Karbonat- und Silikatpuffer	pH 8,6–5,0	80–100%
Austauscherpuffer	pH 5,0–4,2	5/15–80%
Austauscherpuffer	pH 4,2–3,8	5/15–80%
Eisen/Aluminum-puffer	pH 3,8–2,4	5–15%

Tabelle 4: Die Säure-Basen-Pufferbereiche im Boden. *Guderian 2000, S.215*

Von ph 8,6-5,0 wirken zunächst Karbonat- und Silikatpuffer. Solange ein Überschuß an Calcium-Carbonat (CaCO$_3$) vorhanden ist, kann der Boden-pH-Wert nicht unter 6,2 absinken. Niedrigere pH-Werte zeigen an, dass CaCO$_3$ nicht vorhanden oder bereits zur Neutralisation der Säurezufuhr aufgebraucht ist. Nimmt die Bodenversauerung weiter zu, stellen Silikate einen Puffer dar, der bis zu Boden-pH-Werten von 5 stabilisierend wirkt. Dabei vermögen durch Verwitterung freigesetzte Alkali- und Erdalkalikationen wie K+ oder Ca^{2+} die Säure-Anionen NO$_3^-$ und SO$_2^{4-}$ zu neutralisieren. Ist dieser Puffer aufgebraucht, sinkt der pH bei anhaltender Bodenversauerung weiter ab.

Von pH 5-4,2 werden "auch Si-O-Al-O- Bindungen in den Silikaten gelöst und dabei Al-Ionen freigesetzt" (*Scheffer 2002, S.128*). Diese verdrängen an den Austauscherplätzen von Tonmineralen und Humus Nährstoffkationen, wie Kalium, Magnesium und Kalzium. Die freigesetzten Nährstoffkationen werden dann vermehrt mit dem Sickerwasser ausgewaschen. Nur starke Säuren wie Schwefelsäure, Salpetersäure und auch organische Säuren sind dazu in der Lage.

Unter pH 4,2 werden vermehrt Aluminium, vorrangig als Al^{3+}- Kationen, und andere Spurenstoffe aus dem Bodenmaterial herausgelöst und massiv an das Sickerwasser abgegeben.

Von 3,8-2,4 erfolgt die Pufferung von eingetragenen Säuren durch die Auflösung von Fe- und Al-Hydroxiden. Inbesondere die Aluminium- und Eisen-Oxide und Hydroxide wirken auf die Feinwurzeln von Pflanzen toxisch. Der säurebedingte Zerfall der Tonminerale setzt sich weiter fort.

Bei diesen Prozessen sinkt die Fähigkeit des Bodens, Organismen mit Nährstoffkationen angemessen zu versorgen. Dies liegt an der mit fallendem ph-Wert einhergehenden Erniedrigung der Kationenaustauschkapazität und der Basensättigung des Bodens. Die Austauschkapazität gibt an, wieviel aktive, negativ geladene Oberflächenstellen vorhanden sind, an die Kationen (z.B. Nährstoffe, Aluminium, Eisen) angelagert werden können. Die Basensättigung gibt an, wieviel Prozent von der Austauscherkapazität von Nährstoffkationen eingenommen werden. Eine in den Boden eingetragene Säure kann die Austauscherkapäzität verringern, indem sie Tonminerale und Huminstoffe zerstört, an die Nährstoffe bioverfügbar angelagert werden können. Außerdem kann eine Säure auch die Basensättigung verringern, indem adsorbierte Kalium-, Magnesium und Kalzium- Ionen durch Protonen und Aluminiumionen ausgetauscht werden. Letztere wirken insbesondere auf die Feinwurzeln von Bäumen toxisch, was die Nährstoff- und Wasseraufnahme durch die Wurzeln stark einschränkt. Verschärfend kommt hinzu, dass die Bäume dadurch auch weniger Feinwurzeln ausbilden und große Teile ihrer Feinwurzelmasse in den humusreichen Oberboden verlagern. In der Folge "geht nicht nur die für die Wasseraufnahme und das Waldwachstum notwendige Baum-Pilz-Symbiose (Mykorrhiza) zurück, sondern auch die Fähigkeit, Pflanzennährstoffe in ausreichendem Maß aus tieferen Bodenschichten aufzunehmen" (*BMVEL 2001, S.32*). Die Folge sind dann verminderte Frost-, Dürre- und Krankheitsresistrenz und durch die Verlagerung der Wurzeln in die oberen Bodenschichten eine erhöhte Windwurfgefahr.

4.2   Sekundäre Schadfaktoren

Sekundäre Schadfaktoren wirken vor allem da, wo der Wald durch primäre Schadfaktoren ohnehin schon geschwächt ist.

4.2.1   Abiotische Faktoren

Zu den abiotischen Faktoren zählt man sämtliche Einflüsse der unbelebten Umwelt auf die
Vegetation, unter denen vor allem der übergreifende Bereich des Klimas zu nennen ist.
Abnorme Temperaturstürze oder Kältefrost sowie Trockenperioden führen als auslösende
oder übergreifende Faktoren zu flächenhaften und lange andauernden Schäden.
So haben zum Beispiel im Winter und Frühling 1990 die beiden Orkane "Vivian" und
"Wiebke" erhebliche Windwurfschäden hervorgerufen. Insgesamt waren, im Vergleich zum
Normaleinschlag von 41 Millionen qm, 72 Millionen Quadratmeter Holz betroffen. Hier
wurde ein eindeutiger Zusammenhang zwischen Sturmschäden und Waldschäden festgestellt.
Wurzelveränderungen führen zu einer Einschränkung der Standfestigkeit. Durch die
Versauerung der Böden ist das Wurzelwachstum negativ beeinträchtigt, das heißt, die
Feinwurzeln werden in ihrer Tätigkeit als Bodenfestiger gehemmt und können in stärker
versauerten Böden nicht in tiefere Bodenschichten eindringen. Viele geworfene Bäume
wiesen erhebliche Wurzelschäden auf.
Als weiterer, zunächst natürlicher Faktor sei der Waldbrand erwähnt. Als abiotischer Faktor
entsteht der Waldbrand sehr häufig durch Blitzeinschlag. Allein in den Waldgebieten der
westlichen Vereinigten Staaten werden etwa die Hälfte der Brände durch Blitzschlag
verursacht., während in Deutschland fast alle Brände von Menschen hervorgerufen werden.
Die Auswirkungen solcher Brände auf die Umwelt hängen stark von ihrer Größe, Dauer und
Intensität ab. Die sogenannten Kronenfeuer schädigen ganze Wälder bis hinauf ins
Kronendach.
In einem gewissen natürlichen Rahmen kann Feuer die Samenkeimung fördern. Brände
vermögen auch Waldinsekten, Parasiten und Pilze einzudämmen - man könnte diesen
Vorgang als "Hygienemaßnahme" bezeichnen. Mineralische Elemente werden sowohl als
Asche freigesetzt als auch durch gesteigerte Abbauraten der organischen Schichten.
Schließlich kann man zu den abiotischen Schadfaktoren auch waldbauliche Maßnahmen
zählen. Der Mischwald ist in einigen Gebieten zum wirtschaftlichen Kunstforst degradiert
worden, der sich als wesentlich labiler erweist.

4.2.2   Biotische Faktoren

Tierische Schädlinge wie der Borkenkäfer oder Wildforst, Bakterien oder Pilze treten gehäuft
auf, wenn der Wald ohnehin schon geschwächt ist.

Tierische Schädlinge wie zum Beispiel der Borkenkäfer oder Wildforst sowie Bakterien und Pilze treten da gehäuft auf, wo der Wald durch primäre Beeinträchtigung bereits geschädigt ist und sich so nur geschwächt gegen Parasiten wehren kann.

Bei Befall von rindenbrütenden Borkenkäfern an Fichten beispielsweise (z.B. Buchdrucker, *Ips typographus*, oder Kupferstecher, *Pityogenes chalcographus*), treten Verfärbungen an Nadeln und Nadelverluste auf. Der Baum stirbt schließlich ab.

Bei Schadinsekten der Kiefer sind vor allem der Kiefernspanner (*Bupalus piniarius*) und der Kiefernspinner (*Dendrolimus pini*) hervorzuheben. Die Raupen richten erhebliche Fraßschäden an und verursachen dadurch den Nadelverlust der Kiefern. Eine große Käferdichte kann sogar zur Primärschädigung führen. Pilze verursachen Wurzel- und Kernfäule, Bakterien und Viren zerstören die Bastschicht.

Im Jahr 2001 wurden an rund 9 % der Probebäume Fraßschäden von Insekten festgestellt. Insgesamt waren 3 % der Nadelbäume und 21 % der Laubbäume betroffen, wobei die Fraßschäden allerdings fast ausschließlich von geringer Intensität waren. Insgesamt spielen Insektenfraß und andere Schaderreger in den vergangenen Jahren in Deutschland nur eine untergeordnete Rolle.

5   Abschlußbemerkungen und Ausblick

Wie in dieser Arbeit gezeigt wurde, waren die Waldökosysteme über Jahrzehnte hinweg hohen Säure- und Stoffeinträgen aus der Atmosphäre ausgesetzt, die immer noch anhalten. Auf einigen Standorten, wie zum Beispiel im Harz und Erzgebirge, waren die Belastungen so hoch, dass dort Waldbestände abgestorben sind. Dieses Waldsterben ist allerdings auf die "klassischen Waldschäden" zurückzuführen, die in der Nähe von Schadstoffemitenten auftreten. Aus diesem Hintergrund speisten sich Ende der 70er die Befürchtungen, das der deutsche Wald stirbt. Die "klassischen Waldschäden" blieben jedoch auf wenige Standorte begrenzt und haben sich aufgrund von deutlichen Verringerungen der Industrieemissionen nicht ausgeweitet.

Sehr viel problematischer ist dagegen, dass anhaltend hohe Stoffeinträge die Waldböden großflächig verändern und teilweise in ihrer Funktionsfähigkeit beeinträchtigen. Insbesondere Säureeinträge haben auf vielen Standorten zur Bodenversauerung sowie zur Auswaschung von Pflanzennährstoffen und Spurenelementen geführt. Verbunden mit der wachstumsanregenden Wirkung von Stickstoffeinträgen, die dem Betrachter durch

Wachstumssteigerung und Waldverdichtung den Eindruck vermitteln, das sich der Zustand des Waldes verbessert, tritt ein beunruhigender Wirkungskomplex ein. Der Wald wächst zwar schneller, die Bäume leiden allerdings von Beginn an unter Mangelerscheinungen, die sich im Zuge der Bodenversauerung noch verstärken.

Diese Prozesse sind nicht nur nachteilig für die Vegetation und den Waldboden, sondern haben auch Konsequenzen für Trink- und Oberflächenwasser. Immerhin liegen im Wald zahlreiche Wasserschutzgebiete. Untersuchungen auf Dauerbeobachtungsflächen zeigen z.B., dass auf verschiedenen Waldstandorten die in die Waldböden eingetragenen Schadstoffe inzwischen mit dem Sickerwasser in erheblichen Größenordnungen wieder ausgetragen werden. Dieser Austrag erfolgt zeitlich versetzt mit einer Verzögerung von mehreren Jahrzehnten. Auf diesen Standorten ist die Fähigkeit des Waldbodens zur Bindung von Einträgen überschritten, Grund- und Quellwasser sind dort akut beeinträchtigt.

So werden auch bei weiterer Reduktion der emitierten Schadstoffe, bei denen vor allem die anhaltend hohen Stickstoffemissionen besorgnniserregend sind und zu wenig Beachtung fanden, in den nächsten Jahrzehnten die "neuartigen Waldschäden" auf hohem Niveau bleiben. Demnach bewahrheitet sich die Hauptaussage des Positionspapiers von BUND (1992): "Der Hauptschädling des Waldes ist nicht der Borkenkäfer, sondern das Auto" (Der Spiegel 1992, S.14)

Literaturverzeichnis

- Alcamo, Shaw, Hordijk: The Rains Model of Acidification. Science and Strategies in Europe. Dordrecht 1990
- Alloway, B.J.: Schadstoffe in der Umwelt. Chemische Grundlagen zur Beurteilung von Luft-, Wasser- und Bodenverschmutzungen. Heidelberg 1996
- BFH - Bundesforschungsanstalt für Forst- und Holzwirtschaft (Hrsg.): Der Waldzustand in Europa. Kurzbericht 2001. Brüssel 2001
- Bhattacharyya, A.; Saurer Regen. Schwermetalle und die Aufnahme der Schadstoffe durch die Pflanze. - In: Spezielle Berichte der Kernforschungsanlage Jülich Nr. 265. Jülich 1984
- BMVEL - Bundesministerium für Verbraucherschutz, Ernährung und Landwirtschaft (Hrsg.): Bericht über den Zustand des Waldes 2001. Ergebnisse des forstlichen Umweltmonitorings. Bonn 2001
- Botanik online: Luftverunreinigungen, Saurer Regen; Waldschäden. www.biologie.uni-hamburg.de/b-online/55/55.htm
- BVB - Bundesverband Boden e.V. (Hrsg.): Böden und Schadstoffe. Bedeutung von Bodeneigenschaften bei stofflichen Belastungen. - In: BVB- Materialien Band 4. Berlin 2000
- Der Spiegel (Hrsg.): Der Wald stirbt weiter – Schadensbericht der Bundesregierung und des BUND. – In: Der Spiegel. Dokument 6. Hamburg 1992
- Deutscher Verband für Wasserwirtschaft und Kulturbau e. V. (Hrsg.): Stoffeintrag und Stoffaustrag in bewaldeten Einzugsgebieten. - In: DVWK Schriften 91. Hamburg 1990
- Deutscher Verband für Wasserwirtschaft und Kulturbau e. V. (Hrsg.): Grundsätze zur Ermittlung der Stoffdeposition. - In: DVWK- Merkblatt 229. Bonn 1994
- Fabian, Peter: Atmosphäre und Umwelt. Berlin 1992
- Guderian, Robert (Hrsg.): Atmosphäre. -In: Handbuch der Umweltveränderungen und Ökotoxikologie, Band 1/B. Berlin 2000
- LAWA - Länderarbeitsgemeinschaft Wasser (Hrsg.): Atmosphärische Deposition. Richtlinien für Beobachtung und Auswertung der Niederschlagsbeschaffenheit. Berlin 1998
- Matthes, Herold, Sommer, Streck: Bodenbelastung durch Luftschadstoffe. Perspektiven eines umweltpolitischen Handlungsfeldes. Heidelberg 1998
- Mohr, Hans: Waldschäden in Mitteleuropa. Was steckt dahinter?. Opladen 1995

- Mortimer, Ch.E.: Chemie. Das Basiswissen der Chemie. 7. Auflage. Stuttgart 2001
- Mückenhausen, E.: Die Bodenkunde. 4. Auflage. Frankfurt am Main 1993
- Pahl, Silke: Feuchte Deposition auf Nadelwälder in den Hochlagen der Mittelgebirge. - In: Berichte des Wetterdienstes 198. Frankfurt am Main 1996
- Scheffer, Schachtschabel: Lehrbuch der Bodenkunde. 15. Auflage. Heidelberg 2002
- Ulrich, B., Matzner, E.: Abiotische Folgewirkungen der weiträumigen Ausbreitung von Luftverunreinigungen. Berlin 1983

Abbildungs- und Tabellenverzeichnis

Abb.1-7:   BMVEL - Bundesministerium für Verbraucherschutz, Ernährung und
           Landwirtschaft (Hrsg.): Bericht über den Zustand des Waldes 2001. Ergebnisse des
           forstlichen Umweltmonitorings. Bonn 2001, S.11,13,15,17,19,21,22

Abb.8:   Bhattacharyya, A.; Saurer Regen. Schwermetalle und die Aufnahme der
           Schadstoffe durch die Pflanze. - In: Spezielle Berichte der Kernforschungsanlage
           Jülich Nr. 265. Jülich 1984, S.8

Abb.9,11: Alloway, B.J.: Schadstoffe in der Umwelt. Chemische Grundlagen zur Beurteilung
           von Luft-, Wasser- und Bodenverschmutzungen. Heidelberg 1996, S.152

Abb.10:   Matthes, Herold, Sommer, Streck: Bodenbelastung durch Luftschadstoffe.
           Perspektiven eines umweltpolitischen Handlungsfeldes. Heidelberg 1998, S.15

Abb.12:   Guderian, Robert (Hrsg.): Atmosphäre. -In: Handbuch der Umweltveränderungen
           und Ökotoxikologie, Band 1/B. Berlin 2000, S.183

Tab.1: Mohr, Hans: Waldschäden in Mitteleuropa. Was steckt dahinter?. Opladen 1995. S.10

Tab.2: LAWA - Länderarbeitsgemeinschaft Wasser (Hrsg.): Atmosphärische Deposition.
       Richtlinien für Beobachtung und Auswertung der Niederschlagsbeschaffenheit. Berlin
       1998, S. 2

Tab.3: Alloway, B.J.: Schadstoffe in der Umwelt. Chemische Grundlagen zur Beurteilung
       von Luft-, Wasser- und Bodenverschmutzungen. Heidelberg 1996, S.166

Tab.4: Guderian, Robert (Hrsg.): Atmosphäre. -In: Handbuch der Umweltveränderungen
       und Ökotoxikologie, Band 1/B. Berlin 2000, S.215